700(만 년 전) ・・・ **600** ・・・ **500** ・・・ **400** ・・・ **300** ・・・ **200** ・・・ **100** ・・・ **0**

한눈에 이해하는 인류진화 도감

사헬란트로푸스 차덴시스

가장 오래된 인류?

이족보행 추정.
뇌 용량 360cm³.

오로린 투게넨시스

두 번째로 오래된 인류.

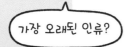

아르디피테쿠스 라미두스

440만 년 전 서식.
현생 인류 정도로 암수의 체격 차가 작음.
→ 수컷 간 경쟁이 적은 사회.

아르디피테쿠스 카다바

발견된 화석이 얼마 없어
수수께끼에 쌓여 있음.

오스트랄로피테쿠스 아파렌시스

열매와 잎 외에도
벼 등 다양한 음식 섭취.

오스트랄로피테쿠스 아프리카누스

300만 년 뒤,
화석이 된 소년
'타웅 차일드'에 의해 알려짐.

파란트로푸스속
(건장한 오스트랄로피테쿠스)

씹는 힘이 강함.
뇌 용량 530cm³.
암수의 체격 차가 큼.
→ 수컷 간 경쟁이 큰 사회.

호모 하빌리스

석기를 이용해
맹수가 먹다 남긴 뼈를
깨뜨려 먹음.

호모 에렉투스

아슐리안 석기를 만듦.
탄생 수만 년 만에
아프리카 전역을 점령.

호모 사피엔스

머리가 크고 가냘픈 체격.
불로 요리. 무리 지어 사냥.
뛰어난 의사소통 능력.

데니소바인

네안데르탈인의 근연종.
데니소바 동굴에서 발견.

호모 네안데르탈렌시스

네안데르탈인. 땅딸막한 체형.
불과 창 사용. 언어 습득.
현대인 평균보다 큰 뇌 용량.

호모 하이델베르겐시스

하이델베르크인. 최초의 구인류.
몸집이 큼.
현생 인류와 비슷한 뇌 용량.

호모 플로레시엔시스

호빗. 성인의 키가 1m.
뇌 용량 380cm³.

☆ 《세상에서 가장 쉬운 인류진화 강의》 더숲

세상에서 가장 쉬운
인류진화
강의

세상에서 가장 쉬운
인류진화 강의

다네다 고토비 지음 | **쓰치야 겐·박진영** 감수 | **정문주** 옮김

더숲

일러두기

* 이 책에 나오는 연대는 원서에 따라 International Commission on Stratigraphy, v2018/07, INTERNATIONAL STRATIGRAPHIC CHART를 참고했습니다.
* 이 책에 등장하는 생물 이름은 학계에 통용되는 표기를 따랐습니다.
* 본문 아래에 있는 설명은 옮긴이가 주입니다.

파 팟

처음 뵙겠습니다.
DNA예요.

아, 처음이
아닌 분도
계신다고요?

다시 찾아 주셔서
감사합니다.

자…
진화에 관해

다시
설명을
시작해
볼까요?

실제로는 이렇습니다.

본편을
시작하기
전에

이쪽을
잠시
보시죠.

삐

생물의 진화

몸이 작으니
쏙 숨었~지.

이 책에서는
생물이 자기 의사대로
진화한 것처럼 설명했지만

환경에 적응한 생물만
살아남아 자손을 늘리지요.

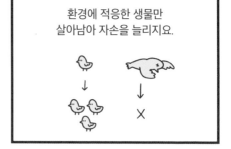

그 자손이 살아남아 다시
자손을 남기고 세대를 이으며
진화하는 겁니다.

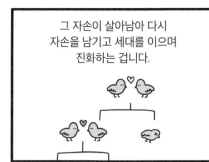

정확하게는
○○의 조상 또는
조상의 근연종*일 가능성이
있다는 말이지요.

진화란 오랫동안
자연선택 과정을 거친
결과인 거죠.

즉, 이게 아니라

흔히 '○○의 조상'
이라는 말을 하는데

이거죠.

'조상일 수도 있는' 생물을
발견했다는 것뿐입니다.

그러니까 그냥
'이 생물은 이렇게 살다가
죽었나 보다.' 하는 식으로
쉽게 받아들이세요.

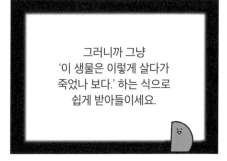

* 유생물의 분류에서 유연관계가 깊은 관계의 종.

딸깍

여기까지! 잘 보셨어요?

크~ 오래간만 이네요~

아, 이쪽은 진핵생물입니다.

이번에는 여러분에게

친숙한 생물도 나올 테니까

옛날 옛적 바다에서 태어난 동물, 식물, 균류의 조상이에요.

'아~ 옛날에는 저랬구나.' 하면서

지금과 어떻게 다른지 살피는 것도 좋겠군요.

···그런데 이번엔 공룡 멸종 후의 이야기라서···

어, 그래?

네 얘긴 안 나와.

7.4 m

야~
크다

50 cm

차례

고제3기

6,600만 년 전, 공룡이 멸종하자
생태계에는 큰 변화가 일어났다.
공석이 된 생물계 '지배자'의
자리를 차지하고자
생존자들은 치열한 경쟁을 펼쳤다.

생존

대멸종 이후
6,600만 년의

시간이 흘렀다.
인류는
지배자가
되어

바야흐로

지구상 모든 곳에서
번영을 누리고 있다.

심해로 빠져들며   우주로 날아가고

이야기는 이 작은 생물이
대멸종에서 살아남은 데서 시작된다.

온갖 오락을 즐기며 산다.

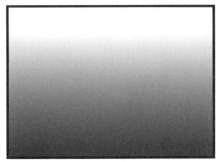

그런데
침팬지는
숲에서
열매를
먹는다.

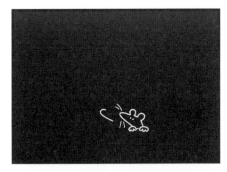

불과 600만 년
전까지
우리는
같은 길을
걸었다.

대체
무슨 일이
있었을까?

의자 뺏기 게임

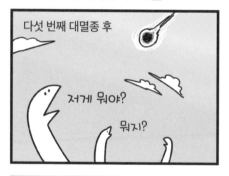

다섯 번째 대멸종 후

저게 뭐야?

뭐지?

발산진화란

하나의 생물에서 다양한
생물이 갈라지는 현상이다.

생태계에는
빈자리가
생겼다.

지배자 자리

빈자리

포유류도 예외는 아니었다.

가자~

이거 버려~

진화는
의자 뺏기
게임과
비슷해서

한정된 자원

한정된 의자

놔!
내 자리얏~

내가
먼저 왔어~

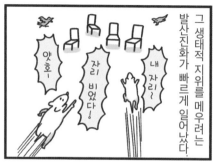

그 생태적 지위를 메우려는
발산진화가 빠르게 일어났다.

야호~

잘
비었다~

내
자리~

진화는 때로
잔혹한 모습이었다.

에
라
잇

철썩

꾸웩

조류

의자 뺏기
게임의
첫 승자는

그런데
셋 다 잔챙이네.

우리도 저랬지…

너 멋져-

언젠간
되갚아
줄 테야.

살아남은
공룡인
조류였다.

어, 그런데…
물가에는
악어가 있으니
조심하기다.

제기랄
두고 보잣!

아
자
아
자
-

생존한 공룡들

파
이
팅
-!

오
예

조류 세 자매

설마
그 큰 공룡이
사라질 줄이야…

우리가 살아남아
어떻게든
번성해야 해.

그럼
자매들아,

건투를
빌게.

제일 먼저 번성한 건
육지에 남은 조류.

야잇
기다렷~

장경룡도 없고
모사사우루스도
없으니 좋-당

처엄

벙

빠―밤

가스토르니스과 조류
가스토르니스, 키: 2m
(옛 명칭: 디아트리마)

육식으로 여겨졌으나
초식일 가능성이
제기되고 있다.

펭귄이 되었다.

펭귄류
우아이마누

가장 오래된
펭귄으로
알려진다.

날개가
작아.

못 날아~

기분
최고다.

바다로 간 조류는

다다다

바다도
지금이 기회야.

처얼썩

그리하여
조류는
현대까지
번성 중이다.

새 중에는
참새가 단연
최고로 귀여울 거야!

당연한
소리.

숲의 등장

운석이 떨어져서 식겁했었어.

공룡도 다 죽었다지?

아이흐

아

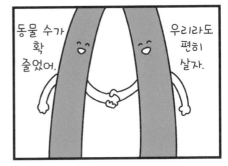

동물 수가 확 줄었어.

우리라도 편히 살자.

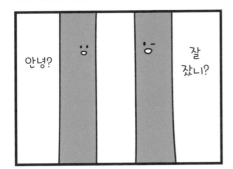

안녕?

잘 잤니?

쑥쑥

키를 키우자고.

초록이 짙어지고 있어.

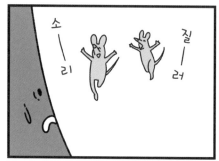

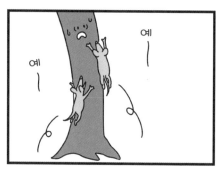

제1차 발산진화

도망가자-

무서-
잡아먹힐라.

공각류 동물
우인타테리움

쟤 웃기네.
난 고기는
안 먹는데.

깍

쿠웅

까,
깜짝이야!

!?

휴
위험했네.

영장류

이때 크게 두 가지 분기진화를 일으킨다.

다른가?

영차

각기 새로운 형태로
진화하고

엄마는
둘 다

건강하게만
자라주면
좋겠다~

어서 와—

나 왔어—

조류의
뒤를 잇듯
포유류는
단숨에
다양해졌다.

조금씩
가지를
쳐 나간다.

어라?
너희 둘
얼굴이
다르구나.

사람과
원숭이의
조상도

어디가

다른 걸까?

23

갑작스러운 온난화

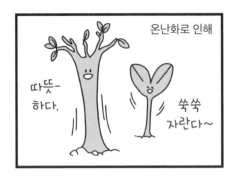

온난화로 인해

따뜻-
하다.

쑥쑥
자란다~

후···

하
하아···

열대우림이
생겨났다.

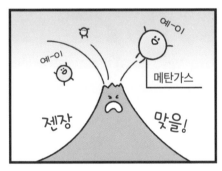

에~이

에~이

메탄가스

젠장

맞을!

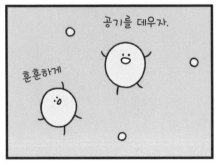

공기를 데우자.

훈훈하게

바삭

포유류는
나날이
다양해졌다.

제2차 발산진화

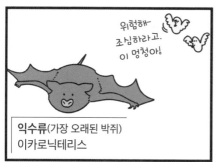

기제류

식육류는 현대까지 살아 있는 거대 분류군으로서

목표는

거대 분류군!

기제류(가장 오래된 말) 에오히푸스

개, 고양이 등 280종이나 여기에 속한다.

너, 너무 우쭐대지 마.

기제류 파라케라테리움

새 동물이 또 생겼어.

저길 봐~

7.4 m

햐~ 크다

50 cm

우제류

기제류는 말류라고도 부르듯 말이 속한 분류군이다.

응

너도 말류 동물…?

말을 닮은 동물로

기제류
엠볼로테리움

우리도 말류야.

사슴을 들 수 있는데 사슴은 우제류다.

말

말

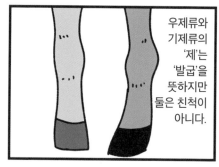

우제류와 기제류의 '제'는 '발굽'을 뜻하지만 둘은 친척이 아니다.

현대까지 명맥을 잇고 있는 건 이 셋 중 말과 동물뿐이다.

말과 →

발굽은 있는데.

뭐야, 친척인 줄 알았더니.

어느 날, 우제류에서 새 생물이 탄생했다.

인도

멋져!

대단하당

다녀올게.

우제류
인도히우스

새가~

1
2
3

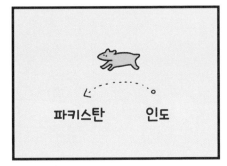

파키스탄   인도

얘,
인도히우스~

엇,
친척 누나
왔네.

나…
여행 갈 거야.
더 넓은
세상을
보고 싶어서.

그 후 그녀를 본 자는 없었다.

처얼~썩

물속만 빼고…

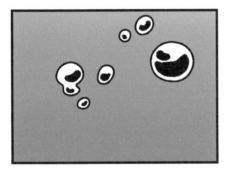

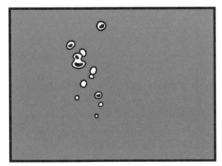

파키케투스

암불로케투스

레밍토노케투스

마이아케투스

도루돈

조기류의 번성

오늘도 평화롭구나.

그렇구나.

데본기부터 외양을 유지하며 대멸종을 견뎌낸 상어류.

대멸종으로 바다에서도 지배자가 사라지자

갑자기 바다에 나타난 펭귄류.

꺄악

첨버——엉

조기류가 크게 번성했다.

하하하

하하

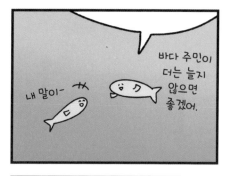

바다 주민이 더는 늘지 않으면 좋겠어.

내 말이-

조기류란 현대 바다에서 물고기의 대부분을 차지하는 거대한 분류군이다.

꺄

꺄

파아~악

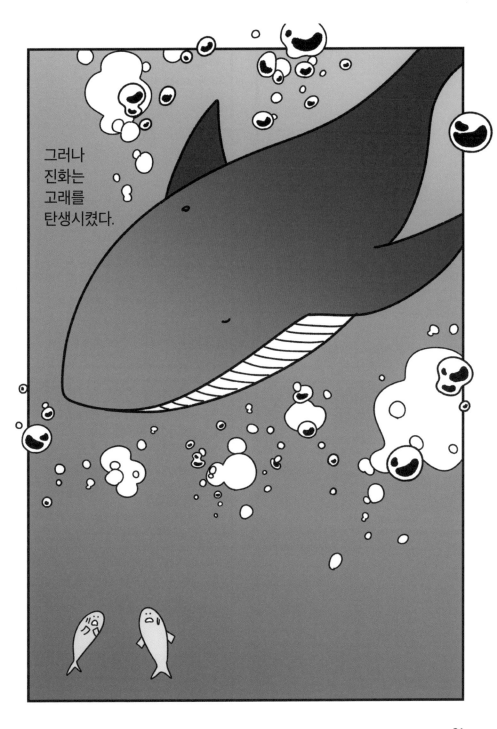

그러나
진화는
고래를
탄생시켰다.

분기진화하는 원숭이

가스토르니스과 조류

육지를 호령하던 가스토르니스과 조류도

털썩

희망이 없어…

꼬르르르르르

쫄쫄 굶었네…

포유류의 기세에 밀려 대부분 멸종했다.

안녕? 이 동네 식물 내가 다 먹었어.

어-엇

몸집 큰 포유류 녀석들 탓에

먹을 게 바닥났어…

어떻게 된 거지?

된 거지?

무슨 일이
있었을까?

있었을까?

이들은 영장류인
원숭이다.

내가 잡았어.

잡았어.

부~웅

한 녀석은
곡비원류.

휙

곡비원류

콧구멍이 둥근 콤마 모양인 게 특징이다.

여우원숭이 등이 이 분류군에 속한다.

또 한 녀석은
직비원류다.

우왕
맛있당.

직비원류

콧구멍이 단순하게 뚫려 있다.

안경원숭이와 일본원숭이.

사람도 이 분류군이다.

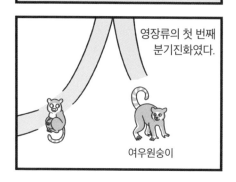

영장류의 첫 번째
분기진화였다.

여우원숭이

이 시대의 대표적인
곡비원류.

영장류
다루이니우스 마실라이
별명: 아이다
몸길이: 약 58cm

이 시대의 대표적인
직비원류.

영장류
아르키케부스 아킬레스
키: 7cm
안경원숭이 계통으로 분류된다.

한랭과 건조

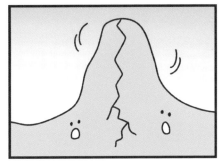

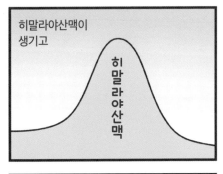

대륙이 쪼개지며

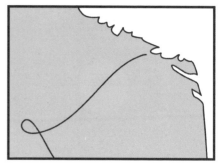

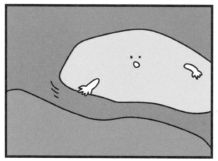

휘리리익

남극대륙도 떨어져 나가

차가운
바다로
둘러싸이자

피부도
건조해졌어.

요새
추워졌지?

점차 얼어붙게 되었다.

꽁

꽁

꽁

벌
거
숭
이
야...

건
조
하
다...

숲은 서서히 줄어

덜덜

추워…

싫어.

내 놔.

이리 내.

초원으로 변해 갔다.

좁다고.

전입 금지

개아목

쓸쓸해.
훌쩍…

초원도
괜찮네~ ♪

큰일 났네.

살 곳이 점점
사라지고 있어…

나무에서 내려 온
그들은
그 후…

난…
땅에 내려가
살아 볼래.

뭐!?

레드
변신!

개의
조상!

블루 변신!

곰의 조상!

헤스페로키온
가장 오래된 개

핑크 변신!

바다 표범의 조상!

암피키온
개와 곰의 중간 동물

개아목 동물 변신 완료~

파워 레인저~

기각류의 조상 동물
푸이일라 다루이니

개, 곰, 바다표범 등 다양한 모습으로 변해 갔다.

와~ 다들 개성 넘쳐~

멀어지다니 서운해~

몸 크다~

음, 정확히는 '조상의 친척' 이겠네.

시작의 땅, 아프리카

나무에 올라

일단은 주위를 둘러보자.

휴우…

앗

숲이다!

숲은 줄고, 먹을 건 없고.

배고파 죽겠어…

살았다~!

살아남은 원숭이들은
안식의 땅을 찾아

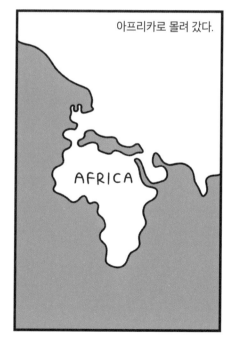

아프리카로 몰려 갔다.

AFRICA

장비류
피오미아

어,
미안.

뭐야,
깨우지 마~

미안, 풀 좀
먹으려고.

그래?

영장류는 첫 번째 갈래가 나뉜 뒤

주물럭대지 말란 말이야!

야! 너 뭐야? 내려 놔!

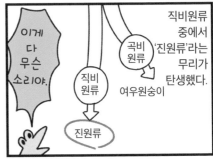

이게 다 무슨 소리야.

직비원류 중에서 '진원류'라는 무리가 탄생했다.

곡비원류

직비원류

여우원숭이

진원류

놔 달라고.

너한테 안 물었어!

애완동물 삼을까?

진원류 카토피테쿠스 돌연변이로 치열이 발달한 최초의 영장류.

이럴 거야?

선물이다~

개구리 줄 먹이를 찾아올게─

됐네요.

됐다고.

거기서

됐다니까

그렇게 나간 녀석.

앗,
벌레 발견!

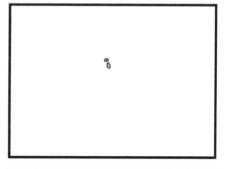

요놈~

어찌 된 영문인지
그는 훗날
남아메리카에 도착한다.

아프리카

남아메리카

남아메리카에 도착한 진원류는

어라   여긴 어디?

왜 안 오지?
내가 말을 너무
심하게 해서
삐졌나…

…그렇지도.

괜찮아?
엄마는?

돌아오면
사과해라.

…응…

아프리카에 남은
진원류와
남아메리카로
건너간
진원류는

'신세계원숭이'라는
이름으로
지금도 남아메리카에
서식 중이다.

각기 '협비원류'와 '광비원류'로
분기진화했다.

협비원류   광비원류

광비원류(신세계원숭이)

좌우 콧구멍 사이가 멀다.
남아메리카에 분포한 원숭이.

협비원류

좌우 콧구멍 사이가 가깝고
아래를 향한다.

왜 그래? 시무룩하네?

초기 협비원류
아이깁토피테쿠스

곡비원류

곡비원류

그게…
직비원류는
갈수록
멀어지는
것 같아.

쳇,
직비원류만
설명해 주고…

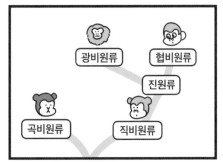

광비원류
협비원류
진원류
곡비원류
직비원류

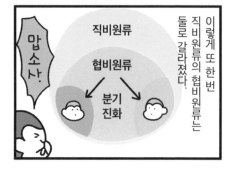

꼬리가 있는 쪽은
긴꼬리원숭이로 진화했다.

이렇게 갈라짐으로써
원숭이와는 멀어진다.

엇!?

긴코원숭이,
망토개코원숭이,
일본원숭이
등이 이에
속한다.

꼬리가 없는 녀석들은

그 후 유인원이 되어

긴꼬리원숭이는 이름처럼
꼬리가 긴
원숭이를
가리키지만,

일본원숭이처럼 꼬리가
짧은 녀석도 있다.

우리 인류의
조상으로
이어진다.

긴꼬리원숭이는
남아메리카로
건너간
'신세계
원숭이'와
달리
아프리카에
남았기에

신

구

'구세계
원숭이'라고도
부른다.

대멸종기에 살아남은 포유류

진원류
에오마이아

> 에오마이아가
> 속한 분류군이
> 살아남았군.

> 쥐랑은 다른
> 작은 포유류야.

백악기에 일어난 무시무시한 대멸종.
공룡 같은 거대 동물들은
대부분 멸종하고 말았다.
살아남은 분류군은
약자인 작은 포유류였다.
그들의 생존 덕에 지금 우리가 존재하는 것이다.

> 이래서 살아남을 수
> 있었는지도 몰라.

잡식이라 뭐든지 먹었다.

번식 속도가
빨랐다.

배 속에 새끼를
품었다.

살아남은 공룡 조류

조류는 살아남은 공룡이다.
목숨을 부지한 소형 공룡인 조류는 여러 모습으로
변화해 지금도 전 세계에 번식하고 있다.

가스토르니스과 조류
가스토르니스

가장 오래된 펭귄류
우아이마누

친근한 조류
참새

널리 퍼진 포유류들

육상동물 중 머리가 가장 큰 동물

안드레우사르쿠스

육상의 육식 포유류 역사상 머리가 가장 크다.
몸길이는 3.5m나 되는데, 그중 4분의 1이 큼직한 턱이다.
죽은 동물의 사체를 먹는 청소동물이라는 설이 있다.

가장 오래된 박쥐

이카로닉테리스

가장 오래된 박쥐의 하나.
하늘을 나는 포유류는 이 익수류뿐이다.
초음파를 이용해 주위를 파악하는 능력인
'반향정위'는 이때도 있었다.

미아키스

개와 고양이의
공통 조상으로 여겨진다.
소형 포유류로
나무 위에서 생활했던 것 같다.

파라케라테리움

역사상 가장 큰 육상 포유류.
인드리코테리움이라고도 부른다.
생각보다 발이 빨랐다는
설이 있다.

목이 긴 거대동물

고래의 조상

우제류

파키케투스

우제류

인도히우스

거대한 몸으로 바다를 헤엄치는 포유류 고래.
아주 오래전에는 육상에 살던 작은 동물이다.
인도히우스, 파키케투스 모두 귀의 구조가 고래류와 흡사하다.
파키케투스는 눈이 위쪽에 있어서
악어처럼 수면에서 주위를 살필 수 있도록 진화한 게 아닐까?

2,303 만 년 전~
258 만 년 전

진화하는 동물들

신제3기

따뜻한 기후 덕에 온갖 생물이
활기를 띠는 가운데,
육상에서는 유인원이
순조롭게 번성하며
여러 갈래로 진화했다.

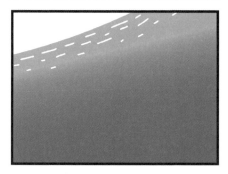

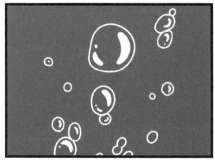

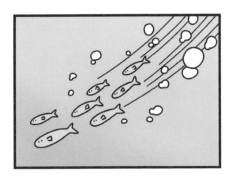

뭐지? 누구니?

가장 오래된 기각류
에날리아륵토스

쿠악 〉〉

빵긋

헤헤~

신제3기의 막이
올랐을 때

상어류
메갈로돈

기후는 따뜻했고
동물들은 활기 넘쳤다.

우제류-소류
프롤리비테리움

저는요,
이렇-게 목을 빼고
나뭇잎을 먹어요.

...힝
잘 안 돼...

봐요-

아저씨,
같이 놀아요.

난 목을 길게 빼지
않아도 되는 데서
배를 채워야지.

어?
너 목이
또
길어졌네.

기린류
칸투메릭스

900만 년 뒤

길어졌니?

아니,
나는 더
짧아졌어.

발톱 있는 녀석과 거대한 쥐

현재

기린류
기린

기린류
오카피

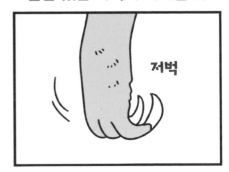

저벅

저벅

기제류
칼리코테리움

편리해.

기린류는
목이 길어지는 진화와
짧아지는 진화를
모두 겪었다.

무겁겠다.

기제류(말류)인
이 생물의 얼굴은
말을 닮았지만

재미있게도 고릴라처럼 걸어 다녔다.

이걸 '너클보행'*이라 부르지.

지… 지진?

쿠우웅

그렇게 신기해?

아, 아냐…

왜 그래?

카피바라를 닮은 이 쥐.

요세포아르티가시아

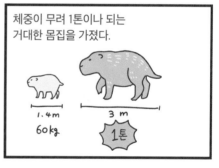

체중이 무려 1톤이나 되는 거대한 몸집을 가졌다.

1.4m
60kg

3m
1톤

허걱

쿵

코끼리도 놀랄 역사상 가장 큰 쥐다.

너… 쥐라며…?

* 지상으로 내려올 때 가볍게 주먹을 쥔 형태로 손가락 중절골의 배면에 체중을 싣고 걷는 동작.

쫓겨난 구세대원숭이

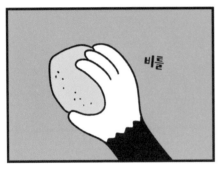

끼리끼리끼리…

열매 쪼가리 흔적도 없네.

한편 구세계원숭이는 잎을 먹고 살았기 때문에

열매가 주식인 유인원은 버틸 수 없었다.

한랭화는 그들에게 다시없는 기회였다.

어머니

어머니~

반격의 시절

열대 우림에서 번성했던
유인원들은

서서히
그 수가 줄어

구세계원숭이보다
적어졌다.

가벼워진 몸

그러나 진화란 역경 속에서 일어나는 법.

그러세요?

그래, 난 몸이 크다.

얏호-

내가 열매 따다 줄게~

오늘도 신났구나.

몸이 가벼워 가지 끝까지 자유롭게 옮겨 다닐 수 있는 이 유인원은

그거야, 난 누나랑 다르게

몸이 가벼워서 그렇지.

긴팔원숭이의 조상이다.

영장류
긴팔원숭이

63

유인원이
나타난 뒤
처음 갈라진
분류군이다.

자
이거 줄게.

누나는
큰 몸을
이용해서 살아.

분기진화…
계통이 갈라지니
다들 멀어지네.

나는 이런 식으로
살아갈게.

이러다
뿔뿔이
흩어져

서로
으르렁
거리게
되려나.

오랑우탄과 고릴라

그 후 유인원은 오랑우탄의 조상으로 진화했다.

오랑우탄으로 진화한 유인원은 계속 성장하며 번성했고

희번떡

그러다 고릴라의 조상이 탄생했다.

그러게.

우리 이제 헤어져야 할 것 같지?

조심해.

잔뜩 따서

가져 가야지.

저 녀석의 행동력과 두둑한 배짱. 부럽다···

꽈당

우와

열매다!

나무 위에서 산
유인원은
그 후

침팬지와
보노보로
진화했다.

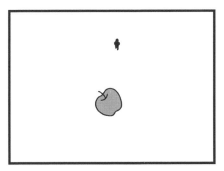

이리하여 기본적인
유인원은 모두 등장했다.

보노보

긴팔원숭이

침팬지

오랑우탄

고릴라

그들은 모두 지능이 높고
영장류 중에서도 가장
인간에 가까운 동물들이다.

그들 모두를 '유인원'이라 한다.

그럼
이쪽은
뭐라고
불러야
할까?

혼자 나무에서
내려와

이족보행을 택한 뒤
대지를 누비는 영장류.

외양은
유인원에
가깝지만
이렇게 불러도
좋으리라.

'인류'라고 말이다.

최초의 사람족

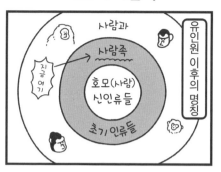

사람과
사람족
호모(사람)
신인류들
초기 인류들
지금 여기

유인원 이후의 명칭

가져왔어.

지금으로부터
약 700만 년 전

최초의 사람족이
탄생했다.

가장 오래된 사람족
사헬란트로푸스 차덴시스

두개골의 특징을 보아 이족보행을 한 듯하다.

저쪽에
있더라.

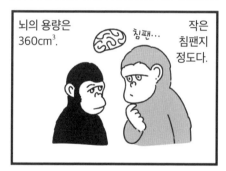

뇌의 용량은
360cm³.

침팬...

작은
침팬지
정도다.

100만 년 뒤
지층에서는
다른
사람족도
발견되었다.

안녕.

내 이름은
오로린
이야.

사람족
오로린 투게넨시스

다시 100만 년
뒤에는

어? 난 끝?

어차피
조연이잖아.

사람족
아르디피테쿠스 카다바

사람족은 조금씩 종을 늘려 갔다.

나 더 나오고 싶어.

화석이 적어서 쓸 얘기도 없다고…

가설 ①
건조한 기후로 숲이 줄자 살 곳이 사라졌다.

안전지대

애초에 사람족은 왜 나무에서 내려왔을까?

가설 ②
대형 유인원에게 쫓겨났다.

나무 위에서 살면 먹이도 얻기 쉽고 몸을 숨기기도 좋지만,

어디 갔지?

가설 ③
더운 날 땅에 내려와서 시원하게 지내본 뒤 지상에 눌러 앉았다.

아~ 지상이 시원해~~

지상은 적의 눈에 띄기 쉽고 숨을 곳도 적다.

뭐, 어찌 됐건 환경에 적응했다는 말이지.

후훗~

라미두스

'라미두스 원인'으로 널리 알려져 있는데

뭐가 저리 재밌지.

얘들은 알다가도 모르겠어.

찾았다—

바스락

아르디피테쿠스 라미두스

라미두스 원인은 암수의 체격 차가 작다.

암

수

헷헤—

빨리 찾았네, 꼬마야.

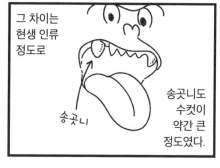

그 차이는 현생 인류 정도로

송곳니

송곳니도 수컷이 약간 큰 정도였다.

이번엔 멀리 던진다.

이들은 440만 년 전에 서식하던 사람족이다.

와하하하

사이 ☆ 좋게

이는 수컷 간 경쟁이 적은 사회를 만들었다는 증거로 여겨진다.

예를 들어 고릴라는 체중 차가 50~100% 나는데

암컷　　수컷

침팬지는 일부다처도 일부일처도 아닌 다부다처 짝짓기를 한다.

암컷 획득 경쟁에 이긴 수컷이 여러 암컷을 차지한다.

따라서 커다란 몸집이 필요했다.

빠지직!

쟨 내 거야~!

내가 그렇게 좋은가.

특정 상대를 만들지 않고 여러 암컷과 짝짓기를 하므로 수컷 간 경쟁이 심하다.

거꾸로 긴팔원숭이는 암수의 체격이 거의 같다.

잠깐~ 아가~씨 차 한잔할까?

소중한 울 자기.

사람은 일부일처제라 대략 이런 모습인 것 같다.

이들은 일부일처 짝짓기를 하므로 암컷을 둘러싼 다툼이 적었다.

남잔 정말 바보야.

그러게~

타웅 차일드

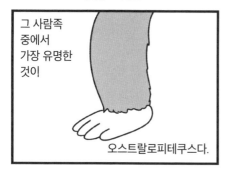

그 사람족 중에서 가장 유명한 것이

오스트랄로피테쿠스다.

아파렌시스는 열매와 잎 외에도 다양한 음식물을 먹은 것 같다.

이보다 더 맛있는 벼를 먹고 싶어.

오스트랄로피테쿠스 아파렌시스

거의 같은 시기, 아프리카누스가 등장했다.

오스트랄로피테쿠스 아프리카누스

벗과

헤헤   호호

난 벼가 정말 좋아

네——에

너무 멀리 가지 마라—

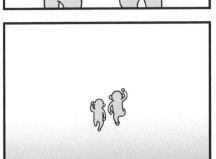

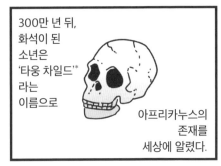

300만 년 뒤,
화석이 된
소년은
'타웅 차일드'*
라는
이름으로
아프리카누스의
존재를
세상에 알렸다.

* 1924년 남아프리카 타웅 지역의 한 석회암 채석장에서
발견된 어린이 화석.

가냘픈 오스트랄로피테쿠스

오스트랄로피테쿠스속에는
무려 6가지 이상의 종이
속해 있다.

이들은 '가냘픈 오스트랄로피테쿠스'로
불린다.

가냘퍼?

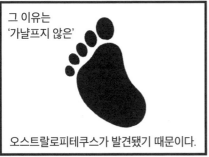

그 이유는
'가냘프지 않은'

오스트랄로피테쿠스가 발견됐기 때문이다.

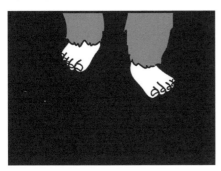

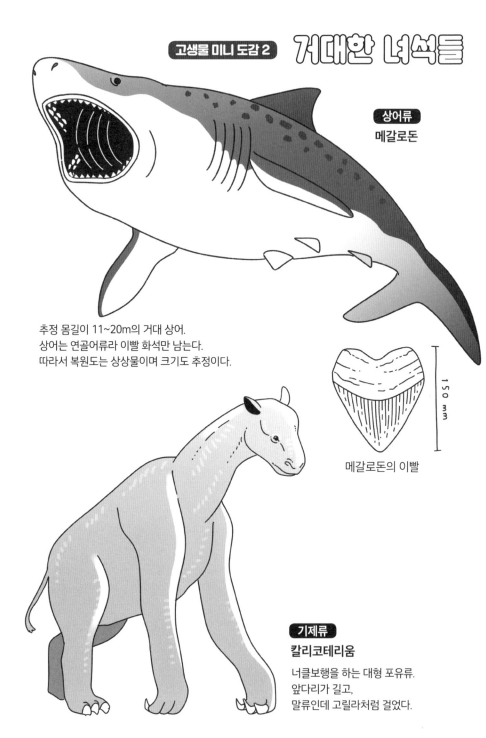

고생물 미니 도감 2 거대한 녀석들

상어류
메갈로돈

추정 몸길이 11~20m의 거대 상어.
상어는 연골어류라 이빨 화석만 남는다.
따라서 복원도는 상상물이며 크기도 추정이다.

150 mm

메갈로돈의 이빨

기제류
칼리코테리움

너클보행을 하는 대형 포유류.
앞다리가 길고,
말류인데 고릴라처럼 걸었다.

기린의 진화

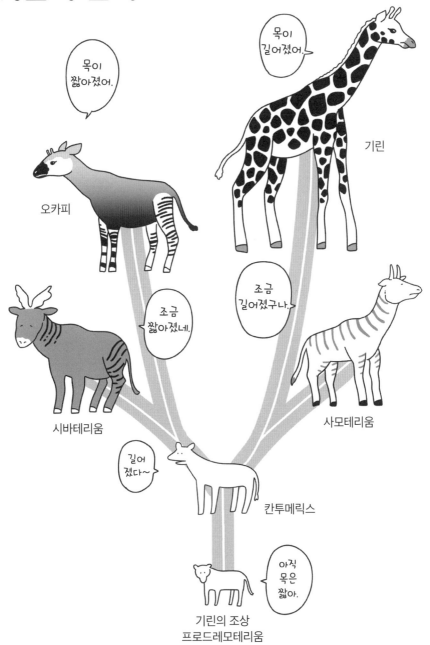

Quaternary period
258 만 년 전~
현재

제4기

드디어 진화 이야기의 마지막 장에 도달했다.
길고 긴 역사도 만화로 그리니
순식간에 마무리되는 느낌이다.
그나저나 '호모 사피엔스'는
어떻게 탄생한 걸까?

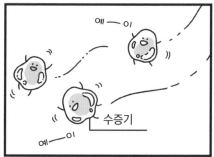

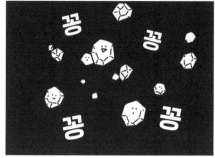

그 전에
일단

화장실,
화장실.

'건장한 오스트랄로피테쿠스'라 불리는
그들은
'가냘픈' 이들과는
좀 달랐다.

괜찮아?

으으…

이
겼
다.

후우
후우
파란트로푸스속

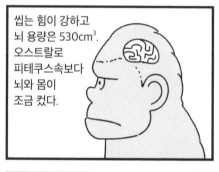

씹는 힘이 강하고
뇌 용량은 530cm³.
오스트랄로
피테쿠스속보다
뇌와 몸이
조금 컸다.

이 여자는
나랑 간다.

암수의 체격
차이가 컸던
것으로 보아
암컷을 두고
경쟁하는
사회였던 것
같다.

고양이

검치고양이. 송곳니가 발달한 고양이류의 총칭이다.

현대

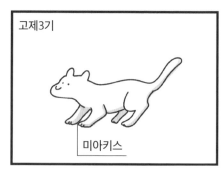

고제3기

미아키스

인류의
뜨거운
사랑을
받은
대표적
동물로는

살 만한 곳이
점점 사라지고
있어~

난
땅으로
내려갈래.

고양이가 있다.

가 버리면
쓸쓸한데…

고양이는 귀엽지만
오래전 옛날에는
사나운
사냥꾼이었다.

야아옹

난 계속
나무 위에서 살래.

나무 사이를
이동할 때
더 유연하게,

크르르르...

검치고양이

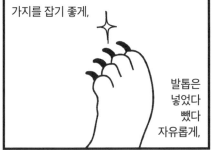

가지를 잡기 좋게,

발톱은
넣었다
뺐다
자유롭게,

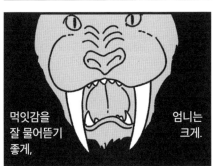

먹잇감을
잘 물어뜯기
좋게,

엄니는
크게.

어머
흉해.

엄니가
밖으로
나왔네

쿠
와
아
아
앙

· · · ·

무섭다.

85

호모속(사람속)

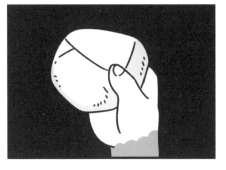

어쩔 거야~ 고기를 못 구하는데.

그야 그렇지.

쪼옥

쪼옥

펑
펑

잘 먹었다.

석기를 이용해 맹수가 먹다 남긴 뼈를 깨뜨려 먹은

호록

호로록

이들이 바로 호모속이다.

훗

맛있다.

초기 호모속
(호모속인지 여부는 논란 중)
호모 하빌리스

골수나 빨아먹는 인생이라니.

너무 처량한 것 아니야?

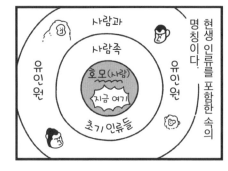

사람과

사람족

호모(사람)
지금 여기

유인원

유인원

현생 인류를 포함한 속의 명칭이다.

초기 인류들

그중 가장 번성한 것이 호모 에렉투스다.

호모 에렉투스

석기 만들기 재미있다—

초기 에렉투스는 호모 에르가스테르*라는 별종이
아니었을까 하는
설도 있으나

호모 에르가스테르

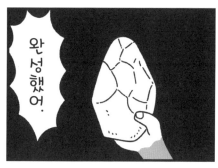

완성했어.

호모 에렉투스예요!

여기서는 동종으로 그리기로 한다.

위험해.

슉

슉

아프리카

아무래도 좋아, 난.

아슐리안 석기라고 부르자.

* 동부 아프리카와 남부 아프리카에서 살았던 호모속의 고인류.

석기는 약 250만 년 전에
등장했고

유행 1
올도완 석기

오스트랄로피테쿠스

콰

악

꼴까닥

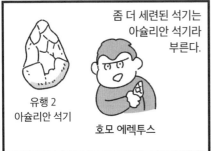

좀 더 세련된 석기는
아슐리안 석기라
부른다.

유행 2
아슐리안 석기

호모 에렉투스

혈기 왕성하군~

이것만 있으면
몽땅 다 자를 수
있어.

이걸로는
간에 기별도
안 가겠네…

붕

붕

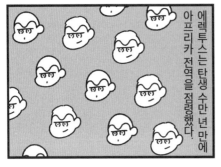

에렉투스는 탄생 수만 년 만에
아프리카 전역을 점령했다.

휘

익

엇

으-앗

어제 내려친 벼락 불에 다 타겠네. 큰일 났다.

후-우 후-우

으앙~ 못 먹는 건가…

맙소사, 이 세상 고소함이 아냐…

호모 에렉투스

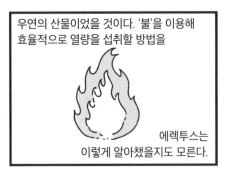

우연의 산물이었을 것이다. '불'을 이용해 효율적으로 열량을 섭취할 방법을

에렉투스는 이렇게 알아챘을지도 모른다.

에렉투스는 결심했다.

불 만드는 방법을 모르니 이걸 들고 가자.

난 아프리카를 떠나 보겠어.

얘들아-

당시 불을 일상적으로 사용했다는 증거는 없지만

와 맛있다. 끝내주네.

어쩌면 불이 우연히 발생했을 때만 고기를 구워 먹었을 수도 있다.

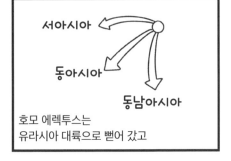

서아시아

동아시아

동남아시아

호모 에렉투스는 유라시아 대륙으로 뻗어 갔고

뇌 용량

760 cm³

아프리카에서 자란 초기 에렉투스보다

당시는 해수면이 낮았기에 동남아시아 섬들로 이어지는 육로가 있었고

성공~

새로운 땅이다~

뇌 용량

930 cm³

유라시아로 건너간 후기 에렉투스의 뇌 용량이 더 커졌다.

호모 에렉투스는 그 길로 어느 섬에 도달했다.

후기 에렉투스

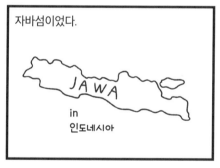

자바섬이었다.

JAWA

in 인도네시아

길

엇 발견.

와아···

구인류

그 후, 에렉투스는 160만 년 전부터 25만 년 전 사이에 자바섬에 정착했다.

아프리카

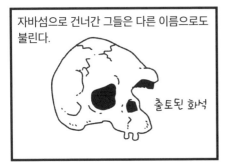

자바섬으로 건너간 그들은 다른 이름으로도 불린다.

출토된 화석

아프리카에 남은 호모 에렉투스.

그래-

오구
오구

'자바 원인'이라고 말이다.

저벅

…아…
안녕하세요…

에렉투스의 진화한 아종 또는 동종으로 보기도 한다.

진짜?

슈—웅

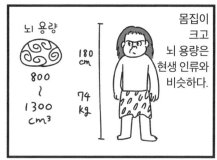

뇌 용량

800
~
1300
cm³

180
cm

74
kg

몸집이
크고
뇌 용량은
현생 인류와
비슷하다.

이 자는 호모 하이델베르겐시스다.

왜 도망가… 그냥 있지.

하이델베르크인
이라고도 한다.

우 르 르

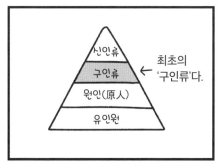

신인류
구인류
원인(原人)
유인원

← 최초의
'구인류'다.

와하하하

이
큰 몸에
기가
죽었구나.

이대로 우리가 세상을 지배할 수도 있어.

하이델베르크인도 아프리카 밖으로 퍼졌다.

그 후, 그들은 현생 인류로 진화했다.

바통 터-치!

…라고 말하고 싶지만 현생 인류의 조상에 관해서는 아직 여러 설이 있다.

이런-!

비나이다, 비나이다. 제가 네안데르탈인과 호모 사피엔스의 공통 조상이게 해 주세요.

게으른 녀석

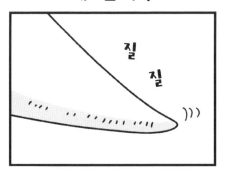

질 질

와구
와구

질 질

......
맛 좋다.

밥 좀
먹어 볼까.

영차

우적
우적

움직임이 둔한
이 생물은
메가테리움.
나무늘보류
동물이다.

메가테리움
몸길이: 6~8m, 몸무게: 3톤

개 vs 고양이

그들이 살았던 남아메리카에 적수가 될 만한 포식자가 없었기에

느릿 느릿

움직임이 느린 나무늘보의 몸이 커진 건지도 모른다.

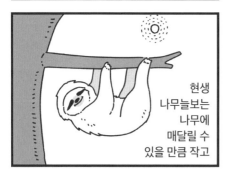

현생 나무늘보는 나무에 매달릴 수 있을 만큼 작고

다다다닷

아직도 느릿느릿 움직인다.

다다다

고양이류
스밀로돈 파탈리스

개류
다이어울프

스밀로돈도
무리 지었을
가능성이 있다.

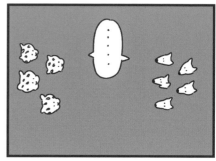

다이어울프는 무리 지어
생활했을 것으로 추정된다.

땅딸보

왓하하! 얘 뭐야. 완전 땅딸보잖아. 꼬맹이냐?

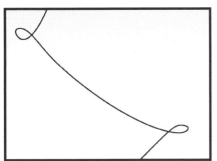

우왓 춥다 추워.

여봐~ 듣고 있냥

얘들아,
밥 먹자.

쩝
쩝

불을 쓰고 언어를
습득하며
창을 다루는
이 호모속.

여자들이
나무
열매도
모았어.
같이 먹자.

흔히
'네안데르탈인'
이라 부른다.

호모 네안데르탈렌시스

타닥   타닥

땅딸막한
체형은
체온을
유지하기 좋은
쪽으로
진화한 것
같다.

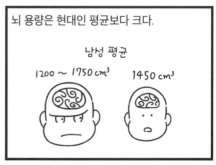

뇌 용량은 현대인 평균보다 크다.

남성 평균

1200 ~ 1750 cm³   1450 cm³

요리

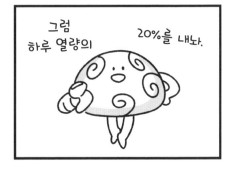

사람의 뇌 무게는 체중의 2%.

20%···
안 그래도
먹고살기
힘든데

20%나···

그 2%가
섭취 열량의
20%나
가져가는
데는
이유가 있다.

잠을 줄이면
피곤할 텐데···

zzz...

이걸 소화해야
뇌가 커진단 말인가···

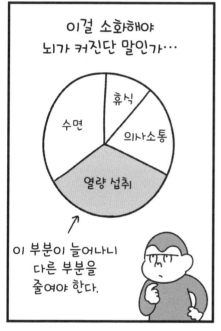

수면

휴식

의사소통

열량 섭취

이 부분이 늘어나니
다른 부분을
줄여야 한다.

불을 써서
적게 먹어도
효율적으로
열량을
얻도록
하자!

날고기

구우면 흡수율 UP

그렇지.

게다가

엄청
맛있어.

열량

충분한 열량을
얻으려면···

식량 찾기에
시간을
들여야
하나?

만쉐.

인류는 요리를
시작하면서
커다란 뇌를
가지게 된
것인지도
모른다.

호빗

인도네시아의 어느 외딴섬,

플로레스섬.

성인의 키가 고작 1m였고

호모 플로레시엔시스

뇌 용량은 380cm³.

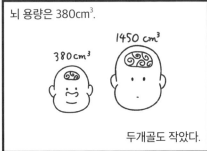

1450 cm³

380 cm³

두개골도 작았다.

수고했어요.   잡아 왔어.

몸이 작아 '호빗'라고도 불리는 그들.

대체
무슨 일이 있었을까?

마치 아이 같은 외형의 이 호모속은

내가 잡아 온 거다-   오늘 밥은 이거?

자바 원인을 떠올려 보자.

호모 에렉투스

어느 날 플로레스섬에 간다.

자바섬에 살았던 에렉투스는

반대로 작은 동물은 포식자가 적었기에

몸집이 커져도 → 괜찮아.

몸을 숨기기 위해 몸이 작아야 할 이유가 없었다.

고립된 섬에는 식량이 될 외부 생물이 들어오지 않았다.

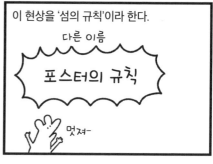

이 현상을 '섬의 규칙'이라 한다.

다른 이름

포스터의 규칙

멋져-

몸집이 큰 생물은 그만큼 열량도 많이 필요했지만

\꼬르르륵/

꺼억

동종 중에서도 몸이 작은 개체는 적은 열량으로도 성숙과 번성이 가능했다.

플로레스섬에 살던 쥐는 크게, 코끼리는 작게 진화했고

이때 자연선택이 일어났다.

에렉투스도 이 원리에 의해 몸이 작아졌을 것으로 여겨진다.

작다.

여러 설이 있다고.

105

지혜로운 사람

약 31만 5천 년 전,
아프리카.

그 자식들도 또 많은 자식을 낳았다.

어느 호모속에게서

이 호모속은 머리가 컸고 체격이 가냘팠다.

여자아이 한 명이
태어났다.

불로 요리를 했고

그 아이는 자식을
많이 낳았고

무리 지어 사냥에 나설 만큼
의사 소통 능력도
뛰어났다.

아프리카에 정착한
하이델베르크인은

30만 년 동안
생존하다가
쇠퇴했다.

이런
생각을
했어.

그러던 중
누군가가
이렇게
말했다.

하이델베르크인의 빈자리를
채우듯이 호모속은
아프리카에서 급속히
번성했다.

우
르
르

저쪽으로
죽 가면
더 좋은
장소가
나오지
않을까?

왠지 말이야.

뭔가 있을 것 같아.

왜? 여기도 좋은데?

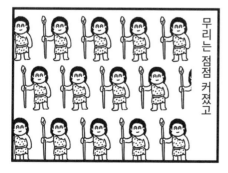

무리는 점점 커졌고

잘
다녀와.

흐음

그 후 그들은
전 세계를
떠돌게 된다.

107

'호모 사피엔스'라는
이름으로 말이다.

동남아시아

유럽

…아   안녀-엉

오- 여기가 유럽인가.

저기서

고기 굽는데 먹을래?

꽤 좋은 동네네.

흠음

그렇지, 맛있지.

맛있다.

호모 네안데르탈렌시스

여기 정착해서 살아도 좋겠다.

사피엔스는 유럽에서도 엄청나게 번성했다.

나 저─기 놀러가도 돼?

너무 멀리는 가지 마라.

그 후 그들의 화석이 발견된 동굴 이름을 따 또 하나의 이름이 생겼다.

개구쟁이로 컸어.

그래도 착해!

이거 구울까?

'크로마뇽인' 이다.

나도 어릴 땐 저랬지!

그때가 그립네.

다시 만날 수 있으려나.

아프리카와 아시아에서 헤어진 애들은

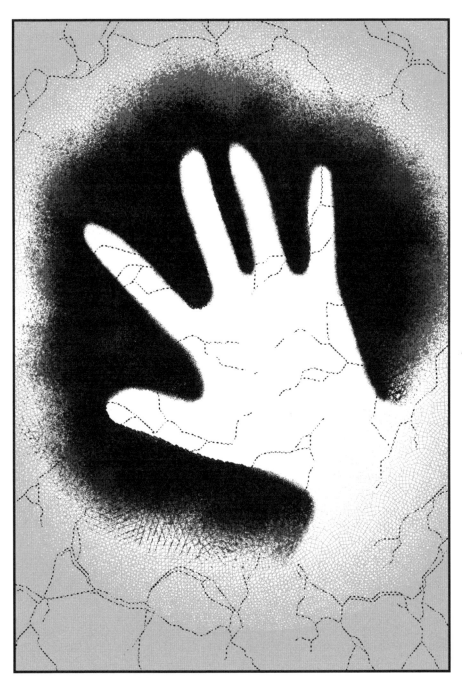

프랑스 남부 쇼베 동굴의 동굴벽화(3만 7천 년 전)

그리고

이 이야기는 곧 종지부를 찍을 것이다.

그때까지 등장한 '인류'도 마찬가지였다.

제4기 갱신세 후기가 되자 대형 동물들은 점차 멸종했다.

이미 멸종한 인류,

살아남은 인류 모두

기후 변동* 때문인지, 질병이 돈 것인지,

단 하나의 종을 남기고 사라졌다.

그것도 아니면 인류의 남획 때문인지는 알 수 없다.

* 시간적 규모가 짧은 기간(100~200년)의 기후 동향.

사라졌다는 말은
부적절할 수 있다.

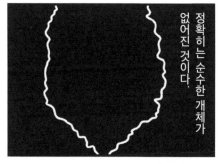

정확히는 순수한 개체가
없어진 것이다.

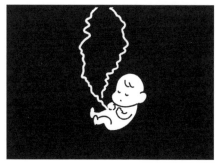

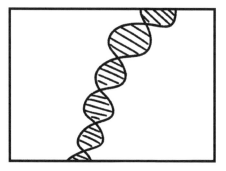

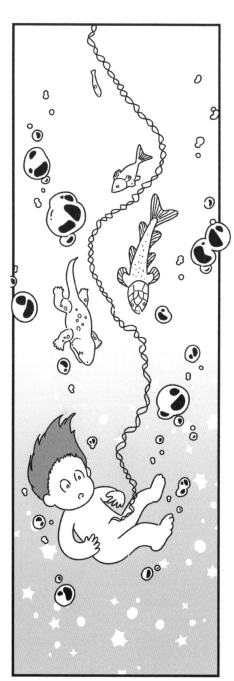

다양해지는 인류

700(만 년 전)	600	500	400

오로린
투게넨시스

오스트랄로피테쿠스
아파렌시스

사헬란트로푸스
차덴시스

가장 오래된 인류?

아르디피테쿠스
라미두스

아르디피테쿠스
카다바

이 밖에도 여러 인류가 있었지만, 호모 사피엔스 외에는 모두 멸종했다.
얼마 전까지 인류는 호모 사피엔스만 있지 않았던 것이다.

300 200 100 0

오스트랄로피테쿠스
아프리카누스

호모 에렉투스

호모 사피엔스

데니소바인

호모 하빌리스

호모 네안데르탈렌시스

파란트로푸스속
(건장한 오스트랄로피테쿠스)

호모 하이델베르겐시스

호모 플로레시엔시스

인류의 친구

인류는 개와 고양이를 매우 좋아해서 때로는 일을 돕게 하고,
때로는 신격화했으며, 또 때로는 애완동물로 키웠다.
인류의 사랑을 받았기에 고뇌도 많은 그들의 오래전 모습이 여기 있다.

개류
다이어울프

고양이류
스밀로돈 파탈리스

나무늘보

별명: 거대한 땅늘보

나무늘보류
메가테리움

현생 나무늘보와는
비슷하면서도 다른 '거대한 땅늘보'.
몸길이 6m, 몸무게 3~6톤이나 되는
거대한 몸집의 소유자였다.
몸집과 달리
딱딱한 것을 잘 먹지 못하는
엽식성 동물이었다.

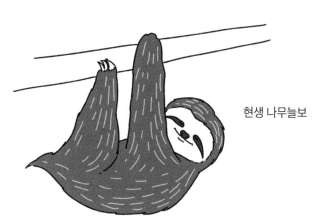

현생 나무늘보

다양한 코끼리들

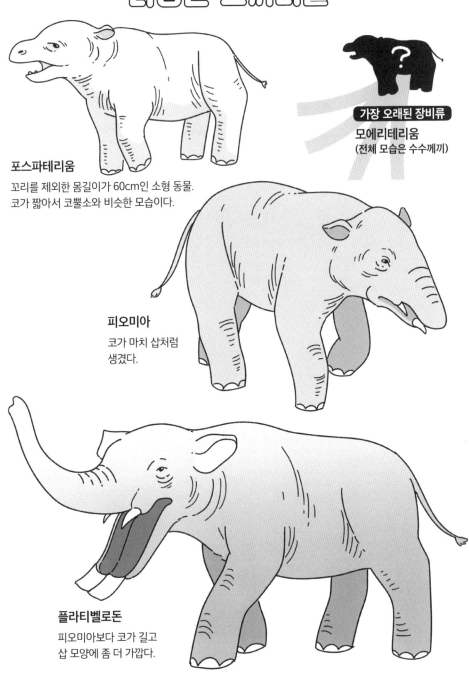

포스파테리움

꼬리를 제외한 몸길이가 60cm인 소형 동물.
코가 짧아서 코뿔소와 비슷한 모습이다.

가장 오래된 장비류

모에리테리움
(전체 모습은 수수께끼)

피오미아

코가 마치 삽처럼
생겼다.

플라티벨로돈

피오미아보다 코가 길고
삽 모양에 좀 더 가깝다.

데이노테리움

턱에서 엄니 두 개가 뻗어 나와 있다.
나무껍질을 벗기는 데
사용했을 것으로 추정된다.

그리고 매머드 탄생

빙하기에 적응하기 위한 '긴 털'과 '작은 귀'가 특징이다.
아프리카코끼리 같은 커다란 귀는 열을 방출하기 위한 것인데
털매머드는 추위에 맞서기 위해 '작은 귀'와 '긴 털'로 진화했을 것이다.

코끼리류
털매머드

큰 귀

아프리카코끼리

끝내기 전에

바들 바들

와르르-

아-악

어, 왔군요?

어땠어요?

아는 생물이
많이
등장했죠?

그나저나 이렇게 멋있어지다니~

꼭 강한 쪽이 살아남는 건 아니죠.

처음엔 이랬는데 진화는 정말 대단해요.

쪼르륵

크면 소비 열량도 많죠.

몸이 작아서 살아남은 경우도 있어요.

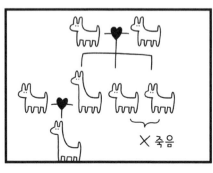

✕ 죽음

도태되는 이들이 있어서 진화가 가능한 거죠.

어떤 의미에서는 잔혹한 일이죠.

매번 설명하지만 진화란 것은 A, B, C 중 누가 환경에 적응하고 살아남아 자손을 남기는지에 대한 얘기니까

잠깐만요. 게스트를 모셨으니까

기대해 주세요. 금방 올게요.

잠깐만
기다려 주세요.

맨 마지막에 갈라진 유인원이 나 침팬지야—

안녕.

너희 인류는 호모 사피엔스 한 종만을 남기고 다 멸종했지?

그랬구나. 그럼 내가 누군지 알겠네?

유인원 얘기 때 나도 나왔었나?

그 말은

분기진화가 워낙 많아서 머리가 아플 수도 있는데

현존하는 생물 중에서 내가 너희와 가장 가깝다는 뜻이지.

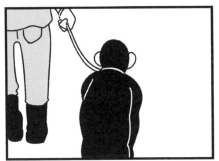

가르쳐 줘, 진핵생물 군!

번외편

이번 책에서는 거의 등장하지 않은 진핵생물이 주인공인 네 컷 만화입니다. 본편 내용과는 무관합니다.

※ 이 만화는 웹 매거진 'WANI BOOKOUT'에
　연재된 것입니다.

미토콘드리아 이브

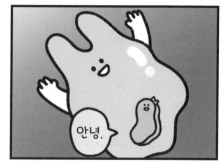

안녕.

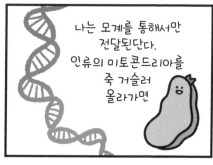

나는 모계를 통해서만 전달된단다. 인류의 미토콘드리아를 죽 거슬러 올라가면

한 명의 여성에게 도달하지.

운 좋게 여계를 이어 간 럭키 마더.

인류 공통의 미토콘드리아를 갖고 있어서 미토콘드리아 이브라고 부른단다.

거슬러 올라가면 마지막 누군가가 있는 건 당연하지만.

얘들아, 듣고 있지?

거대 곤충

이 시대에는 잠자리가 가장 큰 동물이었어?

70cm예요-

아~ 메가네우라?

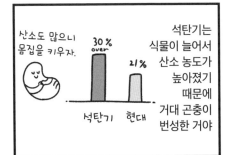

절족동물
아르트로플레우라
몸길이: 2m

더 큰 곤충도 있었어.

산소도 많으니 몸집을 키우자.

30% over

21%

석탄기   현대

석탄기는 식물이 늘어서 산소 농도가 높아졌기 때문에 거대 곤충이 번성한 거야

아~ 다행이다, 지금은 아르트로플레우라 없으니.

다들 그렇게 말해.

압도적 강자

다시 태어나면 뭐가 되고 싶어?

…뭐?

그거야

당연히 인간이지.

지금 다른 걸로 태어나면 지옥이야. 과자도 하나 못 먹고, 잘못하면 우리에 갇히고.

인류는 무서워.

자연계 강자들은 배부르게 먹은 적이 없는데…

흐음~

가장 오래된 진핵생물

세상에~ 나야 진핵생물이니까

출연시켜 준다지만 그쪽은 뭐야…

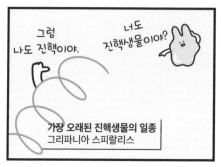

그럼 나도 진핵이야.

너도 진핵생물이야?

가장 오래된 진핵생물의 일종
그리파니아 스피랄리스

HAHAHA

'동물'이니 '생물'이니

부르면서 모양이 왜 그래.

DNA도 D 모양으로 대충 그리더니

작가의 성격이 이런 데서 드러나는 거네.

평화주의

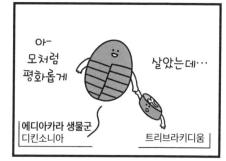

아- 모처럼 평화롭게

살았는데…

에디아카라 생물군
디킨소니아

트리브라키디움

어느 날 눈, 등딱지, 가시 있는 녀석이 등장한 탓에 전멸했다.

HAHAHA

⋮

HAHAHA

그래서 요즘은 다들 평화로운 세상을 원한다고?

결국 세상이 우리를 따라 하는 구나.

약자의 패기

대멸종 후

죽었어.

엇?
공룡은?

공룡이

없다고?!

몸이 컸던 단궁류도 공룡이 등장한 뒤 조그맣게 진화했고 포유류는 밤을 이용해 도망 다녔지.

…드디어 몸을 키워 지배자로 나설 때가 왔어…

강자가 없는 지금이

기회란 말이야.

바로 실천하네.

초식? 식물식!

식물식 공룡
트리케라톱스

왜 초식이라고 안 해?

그러고 보니

그 시대에는 '풀'이 없었거든. 잎과 뿌리를 먹었기에 식물식인 거야.

초원이 없었다…

쏴아…

다양성

비실대고
운동도
못 하는

나는…
구제
불능이야.

무슨
소리-

사냥꾼

화가

과학자

인류는 강자가
아니여도
생존 가능한

종이란 말이야.
다양성이
중요하지.

네 특기를
찾아서
갈고닦아.

손가락 수가 줄어든 이유

손가락이 둘이라 힘들지?
근데 왜 둘이야?

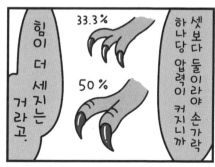

힘이 더 세지는 거라고.

33.3 %

50 %

셋보다 둘이라야 손가락 하나당 압력이 커지니까

으아~
리모컨을
부셨어.

맙소사~

뽀깍

공통의 조상

개와 고양이 어느 쪽이 좋아?

음~ 그거 어렵네. 둘 다 귀여워~

그럼 나라고 답해.

그럼 되잖아.

포유류 미아키스
몸길이: 30cm
고제3기에 서식한 개와 고양이의 공통 조상이다.

그런데 개 같지도 고양이 같지도 않아.

좀 다르게 생겼지.

만 년 뒤

응.

있지. 만 년 뒤 세상에선…

여기도 좀 봐. 짐승처럼 머리 위에 귀가 달렸어.

얼굴은 인류랑 비슷해.

와, 이 생물 그림 좀 봐 안구가 엄청 커. 인류인가?

어찌 된 일이지? 인류는 37가지 이상 존재했다는 말일까?

으음, 이들이 문화를 서로 공유했다는 걸까?

뭐어… 아니라고는 못 하겠다.

이러지 않을까?

만약

누구를 위해

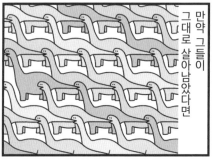

개의 종류

강아지 공원

이렇게 외견이 다 다른데 모두 '개'라니 신기해.

크기도 다 달라.

응? 원래는 컸어?

사람이 품종개량 했잖아. 작게 태어난 애들끼리 교배해서 소형화한 거라고.

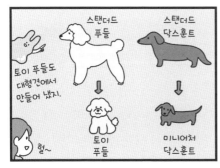

스탠더드 푸들

스탠더드 닥스훈트

토이 푸들도 대형견에서 만들어 냈지.

토이 푸들

미니어처 닥스훈트

헐~

사람과 개의 역사는 기니까 그만큼 종류도 많은 거야.

오래전부터 사람은 개를 좋아했으니까.

불로 날아드는 여름벌레

모닥불을 보면 마음이 편안해.

벌레들은 왜 불 주위로 몰려드는 걸까?

달빛이 밝다~ 이쪽으로 날자.

야행성 벌레는 달빛을 따라 날아다니는데 전등이나 불빛을 달빛으로 착각하는 거래.

슬픈 일이야. 엇!

치직

원주민

결국은

미래가 오기까지의 시간

먼 미래라고 생각했는데

순식간에 서른이 되었어…

뭐?…

미래에서 멀어지는 방법이 있지롱.

울트라맨—

어른이 되면 어릴 때보다 시간이 빨리 가잖아.

어릴 땐 늘 새 자극을 받으니 하루가 길게 느껴지는 거야.

시간을 늘릴 순 없어도 시간 감각은 늘릴 수 있지.

새로운 체험을 하고 일정을 채우고 일상에 변화를 주면 시간은 천천히 가.

음… 그럴지도.

진화 불가역의 법칙

만약 우리가 숲으로 들어가서 살면

다시 유인원이 되는 걸까?

불가역의 법칙 때문에 어렵겠지.

한번 변화하면 다시는 원래대로 못 돌린다는 거야.

날달걀

삶은 달걀

유전자가 복잡해 졌으니 단순해질 수도 없어.

날달걀로 못 돌아감.

달걀 샐러드는 만들겠지만.

예를 들면 이런 식이라고 할까?

진화는 일방통행이구나.

바로 그거야.

코끼리

코끼리 아저씨는 코가 손이래.

이렇게 되기까지 수많은 코끼리가 태어나고 죽었다.

살아남은 코끼리도 상아 밀렵꾼 손에 죽어

도장으로 쓰이고.

그렇게 매일 매일 노래로 부르냐?

줄어든다네.

세포분열

안녕~ 내 이름은 텔로미어야.

세포 분열 때 이용되지.

텔로미어 씨, 잠깐 빌릴게요.

네-

저도요-

저도 빌려 갈게요.

사라졌어. 분열 끝…

텔로미… 텔로… 텔로미어 씨…

이것이 세포의 죽음인가.

악어 　　　　　　　나는 나

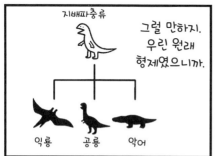

먹히고 싶지 않은데

원시반사

* 신생아의 발바닥에 가볍게 촉각적 자극을 주면
발가락을 아래쪽으로 오므리는 동작을 보이는 반사.

집에 있자

휴일이니까
놀러나
가자-

조심해야지!
바이러스의 위험성을
간과하지 마

안 돼애ー

그냥 집에 있자-

STAY HOME

있잖아.
콜라 좀
사다 줄래?

뒹굴

뒹굴

자가격리의 그림자

아-
자가격리 지친다-

밖에 나가
놀고
싶어-

그치만
다들 참고
있으니
조금만 더
버텨 봐.

해ーーー앵

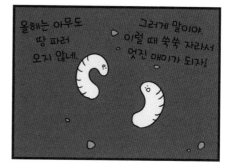

올해는 아무도
땅 파러
오지 않네.

그러게 말이야.
이럴 때 쑥쑥 자라서
멋진 매미가 되자!

비 냄새가 나는 이유

비 냄새가
난다~

쏴아아

이 냄새를
'페트리코'라고
부르지.

땅에 묻은
기름 냄새
또는

지오스민

세균이
'지오스민'이란
물질을
발생시킨 탓에
나는 냄새가
비 냄새란다.

:ᴍ

삶의 순환이구나.

지오스민 냄새는
톡토기라는 벌레를 불러서
균을 번식시키지.

여러분은 지금 왕좌에 앉아 있습니다. 아침, 점심, 저녁, 하루 세끼를 배불리 먹습니다. 잠도 편하게 누워서 자죠. 화장실 가는 길에 누군가에게 잡아먹힐 걱정 따윈 하지 않습니다. 진짜 이보다 더 편하게 사는 동물은 세상에 없을지도 모릅니다.

우리가 잘났기 때문에 이렇게 왕좌에 앉아 있는 건 아니랍니다. 모두 우리 조상님들 덕분입니다. 조상님들은 우리를 왕좌에 앉히기까지 정말 열심히 살았습니다. 수많은 고초를 겪어야만 했습니다.

공룡 시대 때 우리의 조상님들은 작고 귀여웠습니다. 티라노사우루스의 그림자 속에 숨어 하루하루를 눈치 보며 살아야 했습니다. 운이 나쁜 날엔 트리케라톱스에게 밟히기도 했습니다. 갑자기 익룡이 날아와 부리로 낚아채 가기도 했습니다. 먼 옛날에 우리 조상님들은 약자였습니다.

공룡 시대가 끝난 후에도 고생은 계속됐습니다. 우리 조상님들은 천적을 피해 나뭇가지에 매달려 숨어 지내야 했습니다. 땅 위에서 오줌 누다가 무시무시한 검치고양이의 먹잇감이 되기도 했습니다. 꽤 오랫동안 우리 조상님들은 도망자 신세였습니다.

그러다 몇백만 년 전부턴가 조상님들은 돌을 다듬고 석기를 만들게 됐습니다. 불을 이용해 고기도 구워 먹기 시작했습니다. 무기를 만들어서 육식 동물들로부터 몸을 지킬 수 있게 됐습니다. 그 뒤로 모든 게 변해 버렸답니다. 우린 이제 사자나 코끼리보다도 무서운 동물이 되어 버렸습니다. 이렇게 강자가 되어 버렸습니다.

사람도 동물이고 포유류입니다. 그리고 자연의 일부랍니다. 너무나도 당연한 사실인데, 이걸 간혹 잊고 살 때가 있습니다. 이 책은 우리가 누군지를 되새기게 해 줍니다. 그리고 우리가 어떻게 우리가 됐는지를 보여 줍니다. 쉽고 친절하게, 그리고 아주 재밌고 귀엽게 말이죠.

　근데 우리가 왕좌의 자리를 언제까지 지킬 수 있을지는 잘 모르겠습니다. 지구 생물의 역사를 보면 영원한 강자는 없었거든요. 우리가 버리는 수많은 쓰레기와 지나치게 쓰고 있는 천연자원 때문에 환경이 빠른 속도로 파괴되고 있습니다. 수많은 생물들이 지금 죽어 가고 있고, 언젠가는 우리가 멸종할 차례가 올지도 모릅니다.

　우리는 그동안 너무나 짧은 시간에 너무나 먼 길을 걸어온 것 같습니다. 과거를 모르면 미래로 나아갈 수 없답니다. 이 책을 통해 한 번쯤은 우리가 걸어온 길을 되돌아봤으면 좋겠습니다. 우리의 미래는 우리에게 달려 있습니다.

박진영(공룡학자)

약 6,600만 년 전, 조류를 제외한 공룡류가 멸종하면서 '중생대'라고 부르는 시대가 끝났습니다. 그 후 새롭게 시작된 '신생대'에서는 포유류가 주역으로 떠올랐고 인류도 등장했지요.

전작 《세상에서 가장 쉬운 생물진화 강의》와 마찬가지로 이 책에 등장하는 생물은 일반적으로 '고생물'이라 부릅니다. 고생물은 화석을 살아 있는 증거로 남기지요. 화석은 현재와 가까운 시대의 것일수록 잘 남습니다. 그래서 신생대 고생물은 중생대까지의 고생물보다 정보가 많습니다.

이 책은 그런 신생대 생명의 역사를 '천천히 즐길 수 있는' 한 권입니다. 이번에도 지은이의 '좋은 의미에서' 힘을 뺀 글과 그림이 여러분을 고생물의 오래된, 그러면서도 새로운 세계로 초대할 것입니다. 저는 지은이가 마련한 새롭고 재미있는 인류진화의 세계에 정확성을 더하기 위해 노력했습니다.

세상은 여전히 코로나로부터 안전하지 않고 우리 주위의 환경은 급속히 변화하고 있습니다. 이런 시기일수록 아득히 먼 옛날에 존재했던 인류를 더듬어보는 이 책으로 '잠깐의 지적인 여유'를 느껴 보시기 바랍니다.

쓰치야 겐(과학 전문 저술가)

참고 문헌

쓰치야 겐,《팔레오기·네오기·제4기의 생물 상권·하권》, 군마현립자연박물관 감수(土屋
　　健,《古第三紀·新第三紀·第四紀》, 群馬県立自然史博物館 監修, 2016, 技術評論社).

루이스 험프리·크리스 스트링어,《우리 인류 이야기》(Louise Humphrey·Chris Stringer,
　　Our Human Story, 2018, London : Natural History Museum).

로빈 던바,《멸종하거나, 진화하거나》, 김학영 옮김, 반니, 2015(Robin Ian MacDonald
　　Dunbar, *Human Evolution*, 2014, London : Pelican).

세상에서 가장 쉬운
인류진화 강의

1판 1쇄 인쇄 | 2022년 4월 15일
1판 1쇄 발행 | 2022년 4월 22일

지은이 | 다네다 고토비
옮긴이 | 정문주
감수자 | 쓰치야 겐 · 박진영

발행인 | 김기중
주간 | 신선영
편집 | 백수연, 민성원, 정은미
마케팅 | 김신정, 김보미
경영지원 | 홍운선

펴낸곳 | 도서출판 더숲
주소 | 서울시 마포구 동교로 43-1 (04018)
전화 | 02-3141-8301
팩스 | 02-3141-8303
이메일 | info@theforestbook.co.kr
페이스북 · 인스타그램 | @theforestbook
출판신고 | 2009년 3월 30일 제2009-000062호

ISBN | 979-11-90357-94-4 04470
        979-11-90357-93-7 (세트)